建筑图典

孙雪松 编著

化学工业出版社
·北京·

图书在版编目（CIP）数据

建筑图典/孙雪松编著. -- 北京：化学工业出版
社，2025.5. -- ISBN 978-7-122-47892-4

Ⅰ. TU-861

中国国家版本馆 CIP 数据核字第 2025XA1380 号

责任编辑：龙　婧　　　　　　　　责任校对：李露洁

出版发行：化学工业出版社
　　　　　（北京市东城区青年湖南街13号　邮政编码100011）
印　　装：北京瑞禾彩色印刷有限公司
889mm×1194mm　1/20　印张6　字数20千字
2025年8月北京第 1 版第 1 次印刷

购书咨询：010-64518888　　　　　售后服务：010-64518899
网　　址：http://www.cip.com.cn
凡购买本书，如有缺损质量问题，本社销售中心负责调换。

定　　价：39.80元　　　　　　　　版权所有　违者必究

前言

　　法国作家维克多·雨果在《巴黎圣母院》中写道："建筑是用石头写成的史书。"可见，建筑不仅承载着人类的无穷智慧，还在漫长的岁月里充当着历史的车辙，为人类文明留下了宝贵的印记。

　　从原始人居住在洞穴躲避野兽开始，人类在不断探索和发展的过程中创造了各种各样的建筑，有气势恢宏的超级工程，有华丽梦幻的童话城堡，高耸入云的摩天大楼……无论是历史悠久的名胜古迹，还是创意十足的现代化地标，都承载着独特的历史记忆和文化内涵。走近它们，就如同走进了不同的历史时代，可以一窥建筑背后波澜壮阔的文化和故事。

　　《建筑图典》用通俗易懂的文字和精致唯美的插图，为小读者们精心打造了一本"旅行手册"！书中有美轮美奂的莫高窟、神秘莫测的金字塔、充满科技感的"鸟巢"国家体育场、雄伟苍凉的罗马斗兽场……它将带领你们畅游世界各地，感受各种伟大建筑的魅力。还等什么，赶快开始探索的旅程吧！

目 录

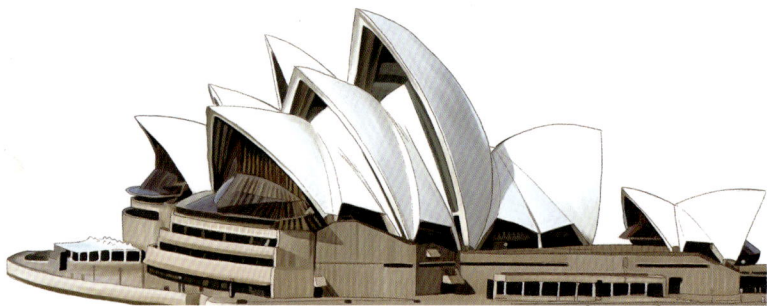

住在洞穴里

很久很久以前，随着人类的演化，地球的历史也迈入了新的纪元。起初，我们的祖先过着风餐露宿、茹毛饮血的生活，终日为了寻找果腹的食物四处奔波。他们没有像样的住所，只能栖身于洞穴之中，以躲避野兽的袭击和恶劣的天气。

兽骨做的骨针精致小巧，是当时主要的缝纫工具

人类有时需要跟野兽争夺洞穴。

远古时期，人们常常用兽皮缝制的衣物遮蔽身体、防寒保暖

1

动手建房子

　　随着时间的推移，人们逐渐厌倦了居无定所的漂泊生活，加上后来找到了获取食物的新途径，发展起了农业，于是便决定安顿下来，修建自己的房屋。他们发挥聪明才智，用勤劳的双手建造了许多不同类型的房子。

石头、木头等是天然的建筑材料

人们模仿天然洞穴建造的地穴式房屋一般空间不大，只能容纳少数几个人

柱子上有方便进出的脚踏横木

存储食物的"仓库"

建材的升级

人类文明的发展进程从未停歇，建筑材料的演变也始终与之同步。从远古时期的原木、树皮、泥土，到文明时期的石块、茅草、黏土，再到工业时代的砖石、混凝土、钢铁，直至当代的新型复合材料……建材的更新迭代既是科技进步的体现，也是人类文明演进的缩影。

埃及金字塔是由一块块巨石堆砌起来的，这些巨石打磨得十分平整，彼此之间的缝隙非常非常小。

金字塔内部建的墓室

修建金字塔的奴隶

古希腊建起了一座座城邦，城邦中的建筑、神庙大都是由石块、石柱建造的。

石头是希腊重要的建筑材料

神庙在城邦的山丘上

路易斯·沙利文是摩天大楼设计的先驱之一，他的代表作是施莱辛格＆迈耶百货商店。以现代的眼光看来这座大楼或许寻常，但在 19 世纪末，它以突破性的钢框架结构、大面积"芝加哥窗"和富有韵律感的陶砖立面设计令人耳目一新。

沙利文是芝加哥建筑学派的带头人之一

法国国家图书馆是现代建筑的一个典型代表。不同于木材、石头筑就的古典建筑，它使用的材料多是玻璃、金属等，建材的不同特性可以让建筑呈现出不同的风采。

玻璃大楼看起来像打开的书籍

阅读室藏在地下，四周环绕着花园式的庭院

4

中国建筑

长城

　　远远看去，雄伟的长城宛若一条巨龙，盘踞在崇山峻岭之间，时隐时现。它始建于春秋战国时期，延展于秦汉，历经千年，在明朝成就辉煌！毫无疑问，这条凝聚着中国古代劳动人民的智慧和汗水的"巨龙"，被视为中华民族的骄傲和象征，被誉为"世界中古七大奇迹之一"。

历代长城墙体及壕堑遗存总长度约有 21196.18 千米。

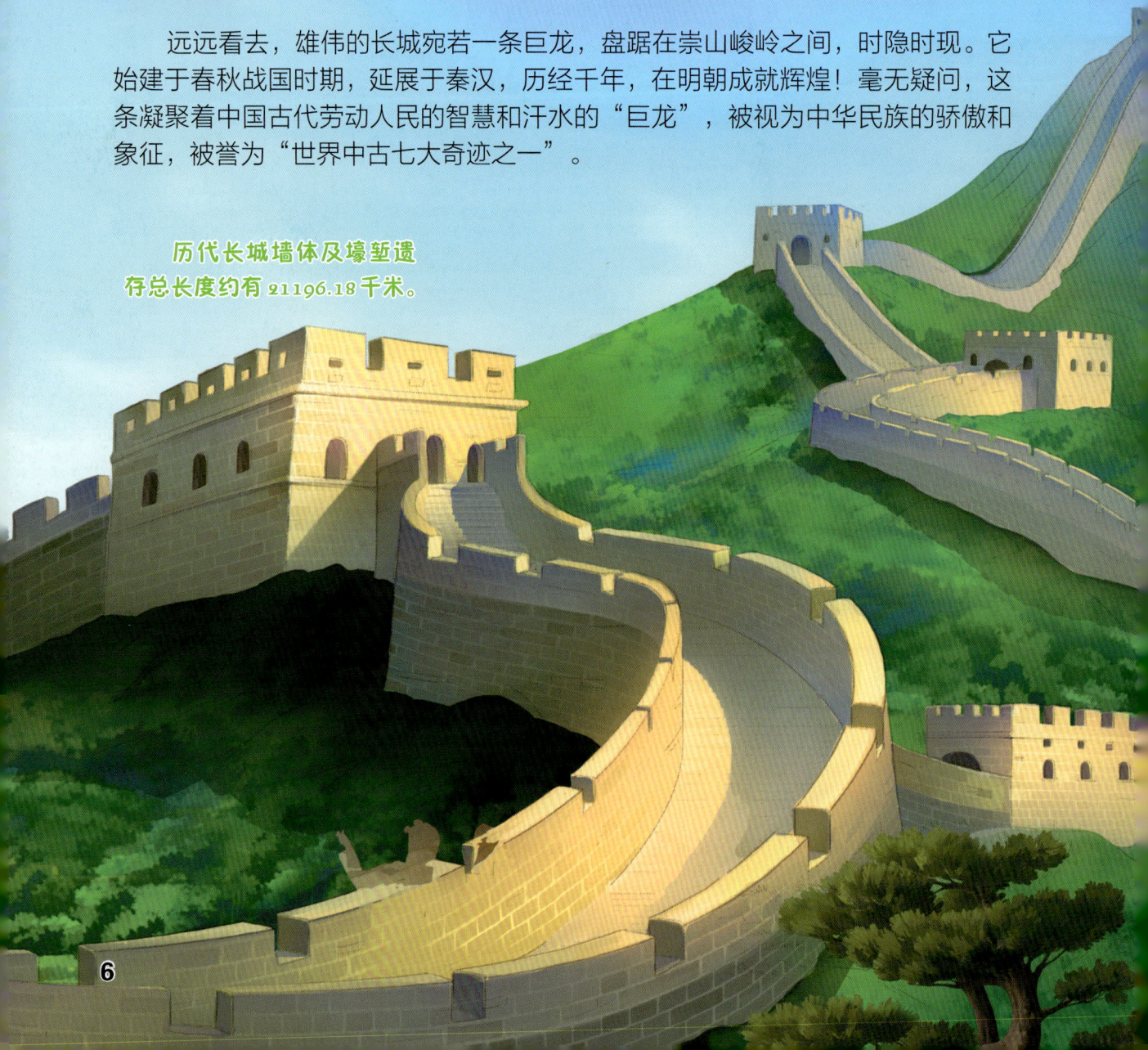

长城每隔一段距离
就有一座敌台

长城主体大多修建在
山脊之上，十分险要

建筑档案

建筑材料	石块、石灰等
建造年代	春秋至明代
所在地	中国

明长城全长 8800 多千米，东
起鸭绿江畔的虎山长城，经山海
关，西至甘肃嘉峪关。

秦始皇为了防止匈奴南下，特地
命蒙恬在北方修筑万里长城。不过，
蒙恬主持修建的秦长城主要是将秦、
赵、燕原有的长墙修缮、连接起来。

2023 年，全面推进国家级
长城重要点段的保护展示，规划
建设一批长城国家文化公园。

垛口可以用来瞭望敌
情，也可以用来攻击

1987 年，长城作为中国
的一项重要文化遗产，被联合
国教科文组织列入《世界遗产
名录》。

故宫

故宫也称"紫禁城"，曾是中国明清两朝的皇家宫殿，也是世界上规模最大、保存最完整的古代木结构宫殿建筑群。尽管经历了 600 多年的岁月沉浮，故宫依旧气势恢宏，尽显磅礴威严的王者风范。

故宫占地面积约 72 万平方米。

故宫南北长 961 米，东西宽 753 米，四周建有 10 米高的城墙，外围还环绕着宽 52 米的护城河。

故宫的建筑分为外朝和内廷两部分，其中外朝是处理朝政和举办一些重要礼仪活动的场所，内廷是皇帝处理日常政务和帝后妃嫔的居所。

故宫始建于公元 1417 年，也就是
明代永乐皇帝朱棣执政期间。

故宫有东西南北四座城
门，分别是东华门、西华门、
午门和神武门。城墙四角各
有一座巧夺天工的角楼。

据统计，故宫有
9000 多个房间

9

颐和园

　　颐和园原名"清漪园"，风光秀美，既有山水相依相伴，又有楼阁堂轩、廊桥亭榭矗立其间。这里的一草一木、一砖一瓦，随处都可以让人触摸到历史的痕迹，感受到自然、建筑与艺术的凝粹之美。

　　公元 1750 年，清漪园的兴建工作开始了。乾隆皇帝在昆明湖和万寿山的自然风貌——"真水""真山"的基础上，历经多年的修整和改造，打造出了一处足以与杭州西湖风光相媲美的皇家园林。

颐和园全园占地
3.009 平方千米

昆明湖占颐和园总面积的四分之三

说起颐和园，有一个人的名字不得不提，他就是乾隆。理水、叠山、莳花选石……大大小小的设计，他几乎都有参与。

建筑档案

建筑材料 石材、木材、砖瓦等

建造年代 清代

所 在 地 中国北京

佛香阁是颐和园的标志性建筑

佛香阁坐落在万寿山前山的正中位置

颐和园全园不同形式的建筑有 3000 多间

天坛

天坛是明清两代皇帝"祭天""祈谷"的场所，始建于永乐十八年（1420），之后还经历了几次增建和改建。天坛的建筑雄伟壮丽，庄严肃穆，具有深刻的文化内涵，是东方古老文明的建筑典范，享誉中外。

天坛坛域北面呈圆形，南面呈方形，寓意"天圆地方"，整体分内坛和外坛两部分，主要建筑大多集中在内坛。内坛北面是"祈谷坛"，南面是"圆丘坛"。

祈年殿位于"祈谷坛"的中心，高 38.2 米，直径 24.2 米

金顶

祈年殿建造之初是矩形的，叫"大祀殿"，嘉靖二十四年（1545）改为三重檐圆殿，配三色琉璃瓦，更名为"大享殿"。乾隆十六年（1751）修缮后，被定名"祈年殿"，换成蓝瓦金顶。

建筑材料　砖、石、琉璃等
建造年代　明代
所 在 地　中国北京

汉白玉台基

13

承德避暑山庄

承德避暑山庄又叫热河行宫或承德离宫，是清代皇帝避暑与处理政务的重要场所。与故宫以及其他皇家园林相比，它虽没有那么奢华和富丽堂皇，却颇具朴素淡雅的别样格调。山庄从山水自然本色出发，巧妙融合了塞北的雄浑与江南的灵秀，让人流连忘返。

避暑山庄借鉴了"前朝后寝"的布局设置，山庄的建筑风格以古朴淡雅为主，宫殿建筑多采用青砖灰瓦，木柱和梁枋虽未采用繁复的彩绘，但也有简单的装饰。

承德避暑山庄始建于公元 1703 年，历经康熙、雍正、乾隆三朝营建，耗时约 89 年才建成。

承德避暑山庄是中国现
存最大的古典皇家园林。

整个园林面积
约为 564 公顷

湖面被长堤和
洲岛分隔开来

15

圆明园

　　圆明园由圆明园、长春园、绮春园（同治年间改名万春园）三园组成，是清代的能工巧匠历时 150 多年打造的山水园林。它规模宏大，建筑景群登峰造极，收藏丰富，被誉为"万园之园"。然而，这座艺术宝库却在 1860 年遭到了英法联军的洗劫和焚烧；1900 年，八国联军侵华时再遭破坏；民国时期又遭到军阀、土匪盗运建材，以致无数珍宝不知所踪，曾经美轮美奂的园林建筑也只剩下断壁残垣了。

史料记载，圆明园内有 100 多处风格各异的景致、140 多座宫殿楼阁

有关研究表明，圆明园里曾饲养着许多动物，有孔雀、鹦鹉、丹顶鹤等。

"方壶胜境"是圆明园中最为宏伟壮美的景观之一，可惜曾经的仙山楼阁已然不再

圆明园的建筑梁柱、门窗、外墙上，有的布满了雕刻，有的画着彩绘图案，有的装饰着砖雕，非常精美。

圆明园被誉为"中国一切造园艺术的典范"。

莫高窟

 在甘肃敦煌鸣沙山东麓的巍巍崖壁上，坐落着一处拥有 1600 多年历史的丝路明珠——莫高窟。这里现存的 735 座洞窟、2400 余身彩塑、45000 平方米壁画，共同组成了我国现存规模最大的古典文化艺术宝库。

公元 366 年，僧人乐傅云游到敦煌，在这儿开凿了第一个佛窟。

莫高窟坐西朝东，洞窟呈蜂窝状排列

第 96 窟是一座依山而建的红色楼阁，也叫"九层楼"，里面端坐着一尊高 35.5 米的弥勒佛像——北大像

18

北宋景祐三年（1036），西夏占领敦煌后，由于战乱、自然灾害等原因，莫高窟渐渐走向了没落。20 世纪初，英国人斯坦因、法国人伯希和、日本人橘瑞超、吉川小一郎、俄国人奥尔登堡、美国人华尔纳等人从莫高窟劫掠走了一大批珍贵的文物和壁画，导致这些国宝至今还流落海外。

建筑档案

建筑材料 砂岩、木材等

建造年代 十六国时期至元代

所在地 中国甘肃

莫高窟的外表乍一看朴实无华，内里却有着锦绣乾坤

莫高窟的壁画种类多样，可分为尊像画、故事画、经变画、佛教史迹画和供养人画像等，涉及方方面面。

上下分层，1—4 层不等，南北长 1600 多米，南区洞窟 492 个，北区洞窟 243 个

19

龙门石窟

　　龙门石窟与莫高窟、云冈石窟、麦积山石窟并称为"中国四大石窟"，是我国古代石窟艺术的重要文化遗存。它开凿于北魏孝文帝年间，前前后后历经400多年的发展，才形成了如今宏伟浩大的规模。

盛唐时期修建的卢舍那大佛通高17.14米，头高4米，是龙门石窟最大的一座造像

龙门石窟自营造至今已经有上千年的历史了，不少佛像已经遭到了破坏。有的佛像难以分辨面容，著名的卢舍那大佛丢失了双臂。

建筑档案

建筑材料　石灰岩
建造年代　北魏至五代十国
所在地　中国洛阳

龙门石窟南北长约1千米，包含2300多座窟龛、10万多尊造像、2800多块碑刻题记。

21

秦始皇陵

说起帝王陵寝，有一个名字不得不提，它就是历经两千年沧桑但雄姿依旧的秦始皇帝陵，其规模之大、结构之复杂，至今仍未被正式挖掘。虽然昔日的繁盛帝国早已伴着尘土消逝在了历史洪流之中，但迷雾重重的秦始皇陵，却一直带给我们无限遐想，指引我们探寻那个时代的踪迹。

秦始皇陵封土堆外表覆盖着郁郁葱葱的植被

司马迁曾记载，秦始皇陵地宫顶部用了很多绘画和镶嵌工艺，用以模仿日月星辰，地宫沟槽里流动着大量水银，用以模仿江河湖海。

据说，秦始皇陵工程巨大，所用工人最多时达 72 万，耗时 39 年才完成。

22

1974 年 3 月，秦始皇陵陪葬坑兵马俑坑被发现，它被誉为"世界第八大奇迹"。

兵马俑分为车兵、骑兵和步兵等许多不同的兵种。

兵马俑千俑千面，每一个都长得不一样

将军俑

跪射俑

23

布达拉宫

　　在拉萨河谷的冲积平原中央，耸立着一座玛布日山（红山），山巅坐落着闻名遐迩的宫堡式建筑群——布达拉宫。它浓缩了西藏的千年风云变幻，气势恢宏博大，独具神秘色彩，是无数人心中的雪域圣殿。

主楼高 117 米，共有 13 层

红宫：供奉历代达赖喇嘛的灵塔和各类佛殿

布达拉宫共有一千多间屋舍，集宫殿、灵塔殿、佛殿、僧舍、行政办公机构等于一体。

布达拉宫是公元 7 世纪第三十三代赞普松赞干布主持兴建的。当时宫堡规模相当宏大，只可惜后来因为战乱和自然灾害遭到严重破坏。如今的布达拉宫是公元 17 世纪以后重建、修缮的。

建筑材料	石头、木材等
建造年代	公元 7 世纪
所 在 地	中国西藏

夺目的金顶群

白宫：曾是西藏地方政府办事机构所在地，也是历代达赖喇嘛的冬宫（居住和办公场所）

布达拉宫依山而建，宫墙以红、黄、白为主色调

25

悬空寺

　　悬空寺凌空悬挂在北岳恒山翠屏峰的峭壁上，远远望去，宛若飞阁流丹，不禁令人拍案叫绝。这座集"奇""悬""巧"三大特色为一体的建筑，是我国现存最早、保存最完好的高空木构摩崖建筑，凝结着古人无穷的智慧，虽已屹立千年但风采依旧……

寺院

南楼

栈道

建筑档案

建筑材料	木材、砖瓦等
建造年代	北魏
所在地	中国山西

悬空寺是"三教合一"的典范。现存 11 座佛殿、5座道观和 1 座核心三教殿，其余为附属建筑。

明代旅行家徐霞客称赞悬空寺是"天下巨观"。

北楼

悬空寺建在翠屏峰的凹陷处，这让它免于遭到落石的袭击，且每天日照时间只有短短的几个小时，木材不会因暴晒而风化。

楼阁和栈道下面其实藏着不少横梁，它们是支撑悬空寺的关键

榆次城隍庙

　　山西晋中榆次古城的城隍庙是中国最古老、古建筑保存最完整的县级城隍庙之一，庙里最著名的建筑景观非玄鉴楼莫属。因造型巧夺天工，颇具艺术价值，玄鉴楼被世界历史文化遗址保护基金会评为"全球最精美的100处古建筑"之一。

建筑档案

建筑材料　**砖、石、琉璃等**
建造年代　**元代、明代**
所 在 地　**中国山西**

榆次城隍庙始建于元朝，明朝时期迁到了现在的地点，玄鉴楼也是在明朝时修建的。

琉璃构件栩栩如生

斗拱结构十分紧密，数量很多

拙政园

  拙政园是现存苏州古典园林中面积最大的一座，为明代监察御史王献臣所建。园中处处有水流萦绕，亭台楼榭古朴优美，充满了典雅的自然风韵和人文气息。

建筑档案

建筑材料 石材、木材
建造年代 明代
所 在 地 中国苏州

明代著名画家文徵明曾参与拙政园的布局设计。

园中建筑多邻水而筑

拙政园里唯一的廊桥"小飞虹"

回廊像一条长龙一样横卧在山水之间

29

赵州桥

中国河北赵县矗立着一座历史悠久的地标建筑——赵州桥，又名安济桥，为世界上现存跨度最大的单孔圆弧敞肩石拱桥。千百年来，它曾遭遇多次水灾和地震，却始终安然无恙，其建筑技艺可见一斑。

赵州桥的总设计师是工匠李春。

主拱横跨洨河两岸，由28道独立石拱纵向组成

赵州桥全长 64.4 米

洪水泛滥时，两侧的小拱可以分担压力，减小洪水对桥身的冲击

单孔敞肩的结构设计，能有效降低桥拱高度，使其平缓易行

黄鹤楼

    黄鹤楼濒临烟波浩渺的万里长江，如诗如画，素有"天下江山第一楼"的美誉。自唐代以来，许多文人墨客喜欢来这儿登高游览，写下了不少脍炙人口的诗篇，黄鹤楼也因此名声大噪，成了不少人心中的文化胜地。

建筑档案

建筑材料	砖石、木材等
建造年代	三国时期
所在地	中国武汉

最初的黄鹤楼只是用来瞭望守戍的"军事楼"。后来，黄鹤楼屡毁屡建，现在我们看到的黄鹤楼是1985年重建的。

层层飞檐翘角飞举

黄鹤楼与湖南的岳阳楼、江西的滕王阁并称为"江南三大名楼"。

金色琉璃瓦

黄鹤楼通高 51.4 米

铜筑黄鹤

大雁塔

人们常说"不到大雁塔，不算到西安"。作为古都西安的文化地标之一，大雁塔从岁月尘烟中走来，一路见证了丝绸之路的兴衰与佛教传播的历史，承载着这座城市的千年记忆。

建筑档案

建筑材料 青砖等

建造年代 唐代

所在地 中国西安

如今的大雁塔通高约64米，共7层

大雁塔属于典型的四方楼阁式砖塔

大雁塔位于西安市大慈恩寺里。

唐高宗时，为了安置从印度带回来的佛教圣物，玄奘主持修建了大雁塔。

玄奘法师铜像立在大雁塔南广场上

应县木塔

位于山西应县的大名鼎鼎的应县木塔，是世界上现存最高、最古老的纯木结构楼阁式建筑！它浑身上下没用一颗钉子，全靠木制构件榫卯咬合而成，设计得相当巧妙！

建筑档案

建筑材料	榆木、落叶松木等
建造年代	北宋
所在地	中国山西

塔刹

应县木塔又称释迦塔，建于公元 1056 年，高 67.31 米

塔身呈现八角形

塔身外表为五层六檐

全塔上下分布着近 60 种斗拱，有"斗拱博物馆"之称。

塔基

33

天宁寺文峰塔

　　在河南安阳的天宁寺，有一座矗立千年的佛塔，它便是文峰塔。文峰塔始建于五代时期的后周，通高38.65米的佛塔共分五层，塔身从下而上逐层外扩，造型十分特别。文峰塔经历沧桑，经历了漫长岁月依然巍然屹立。

建筑档案

建筑材料 **砖石、木材结构**

建造年代 **五代**

所在地 **河南省安阳市**

每层檐下有砖制斗拱

塔身有八面

第一层塔身雕刻着精美的浮雕

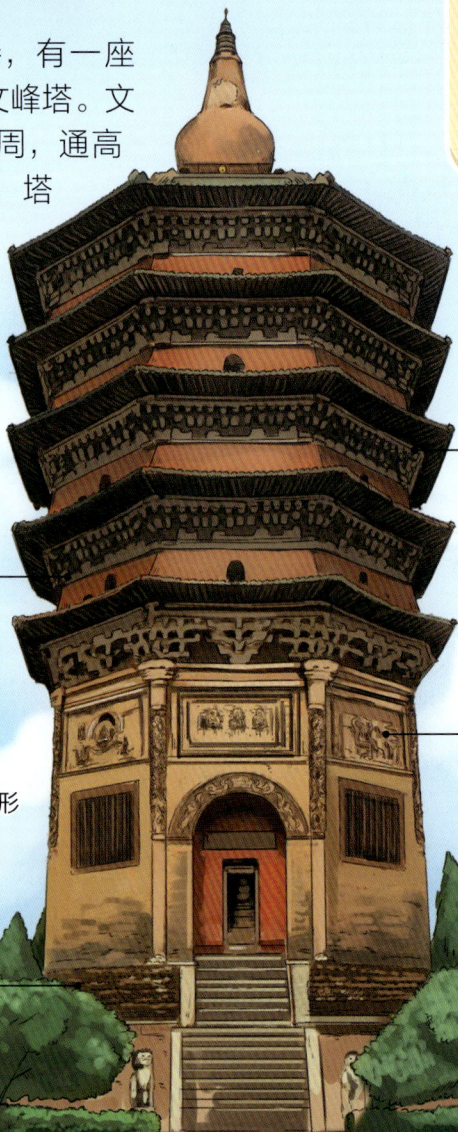

塔身立于圆形莲花座上

天一阁

浙江宁波月湖之畔，有座中国现存最古老的私家藏书楼——天一阁，它也是亚洲最早的家族图书馆之一。450多年以前，一个叫范钦的明代进士为了存放自己收集的书藏、碑帖，呕心沥血修建了这座"宝库"。

建筑档案

建筑材料	木材、砖石等
建造年代	明代
所在地	中国浙江

天一阁现藏各类古籍近 30 万卷，其中珍椠善本 8 万余卷。

飞檐翘角

范钦雕像

门口两侧的石狮

月洞门

明十三陵

　　举世闻名的明十三陵坐落于北京昌平北部的天寿山麓。明十三陵建筑群规模宏大，体系完整，布局错落有致，处处彰显着古朴典雅的皇家威仪。

　　明十三陵共葬有 13 位皇帝，是当今世界上保存最完整、埋葬皇帝最多的墓葬群之一。

　　长陵是明十三陵的首陵，埋葬着明成祖朱棣和皇后徐氏。

鸱吻是装饰和避火的象征

明楼

祾恩殿是长陵中最
为恢宏的建筑

建筑档案

建筑材料 木、砖、石等
建造年代 明代至清初
所 在 地 中国北京

明十三陵是以"尊
者居于主脉，卑者居于
从脉"的方式布局的。

祾恩殿是供奉帝
后牌位、举行祭
祀仪式的场所

祾恩门

清西陵

公元 1730 年，万山拱卫、众水朝宗的河北永宁山下迎来了浩浩荡荡的"施工队"，他们在易水河畔的宽阔谷地修筑皇家陵寝……此后的 185 年间，在一代代匠人的努力下，一座座陵寝修筑而成，最终组成了今天雄奇壮丽的清西陵。

清西陵包括 14 座陵寝，有皇帝陵 4 座、皇后陵 3 座、妃园寝 3 座、王爷园寝 2 座、公主园寝 1 座、阿哥园寝 1 座，共葬 80 人。

雍正、嘉庆、道光、光绪皇帝都埋葬在清西陵。

昌陵内葬着嘉庆皇帝和孝淑睿皇后，它是乾隆皇帝特地为儿子嘉庆督造的帝陵。

圣德神功碑楼是专门为皇帝歌功颂德的建筑

清西陵中栽种着 15000 余株古松和 20 余万株幼松，是中国最大的人工古松林。

圣德神功碑楼高 26.05 米

配殿

朝房

土楼

土楼外形酷似飞碟，蕴含一种静谧且粗犷的自然美。它们像一朵朵耀眼的建筑之花，盛开在闽南的崇山峻岭间。土楼有方有圆，由泥土一层层夯实筑就。漫步其中，仰望那些厚实的高墙，你会领略到客家人和闽南人的无穷智慧。

建筑档案

建筑材料	土、鹅卵石、木材等
建造年代	宋代至民国
所 在 地	中国福建一带

土楼大都在两层以上

土楼里通常生活着一个同宗同姓的大家族，几代人相亲相爱，共同生活在一起

大大的屋檐能有效防
止风雨侵袭墙体

窗户大小不一，通常楼
层越高，窗口越大

圆楼是土楼中最具特色也是最有名的一种

房舍、水井、祖堂、戏台、
学堂……土楼里应有尽有。

2008年，福建土楼被正式列入《世界遗产名录》。

苗族吊脚楼

　　走进西江千户苗寨，相信你马上会被鳞次栉比的吊脚楼吸引住目光！一栋栋吊脚楼依偎在群山蜿蜒的怀抱里，与潺潺流水交相辉映，宛若与世隔绝的仙居神阁，让人流连忘返。

建筑档案

建筑材料	木材等
特　　点	多依山靠河就势
所 在 地	中国贵州、广西等地

吊脚楼的悬空部分用木柱支撑，另一部分楼体倚靠、固定在斜坡上

吊脚楼属于干栏式建筑，框架由榫卯相互衔接，不用一钉一铆。

在苗语中，吊脚楼的意思是"把平房抬起来的楼"。

隆出的阳台，被称为"美人靠"

吊脚楼大都分为3层，底层一般来放置杂物或是圈养牲畜；中层是生活区，包含卧室、厨房、招待客人的中堂等；顶层多是贮存粮食的小仓库

吊脚楼以木桩或石头为支撑

南方气候潮湿闷热，蛇虫遍地，吊脚楼防潮又防虫，而且不太受复杂地形的限制。

蒙古包

　　沿着广袤无际的草原一路飞驰，有时会远远发现一朵朵带着花纹的"白蘑菇"。它们点缀着绿油油的草地，时而被成群的牛羊掩去了踪迹，时而又猛地闯进视野。当我们满心好奇地走近一瞧才惊觉，那星星点点的"蘑菇"竟是蒙古族人移动的家——蒙古包！

建筑档案

建筑材料	木架、毛毡、绳索等
别　名	毡包
特　点	易拆装、便游牧

木架是蒙古包的骨架，起承重作用，毛毡相当于隔离层；绳索负责把木架和毛毡固定和连接在一起。

陶脑（蒙古包天窗）装饰得十分华丽，可通风、排烟，还可以改善内部采光

蒙古包上通常绘有云纹，具有吉祥的寓意

蒙古包外形浑圆，除了能减小风阻，还有利于排干风雪

蒙古包的门一般朝南开

43

窑洞

在中国北方广袤的黄土高原上，分布着许多古老的民居形式——窑洞。别看它们规模不大，却承载着当地数千年的历史和风情，漫漫黄沙中所演绎的生命传奇几乎都与其紧密相连。这小小的一方天地，既是人们遮挡风霜雨雪的庇护所，又是心灵深处温馨的港湾和牵挂。

建筑档案

建筑材料	土、木、石、砖
建造年代	新石器时代至今
所在地	中国陕西、甘肃等地

从建筑材料上看，窑洞可分为土窑、石窑、砖窑、接口窑几类。

窑洞选址有讲究，只有那种在垂直节理的黄土层开凿出来的窑洞才不易开裂，不易出现冒顶坍塌的情况。

窑洞挖掘简单，建筑成本低，而且冬暖夏凉。

三孔或五孔的窑洞是最常见的，位于中间的那孔通常为正窑，相当于客厅，两侧的孔可作为卧室或储物间。

窑洞内有火炕和灶台。

木质框架做成的门窗，十分精美

傣家竹楼

傣族竹楼大多隐身于苍翠的密林深处，与周围的青山绿水浑然一体。这些风格独树一帜的建筑，历史悠久，不仅是傣族人的传统民居，更是他们世代相传的瑰宝！清风徐来，婆娑树影在四周浮动，鸡犬之声不时入耳，走进竹楼，就仿佛踏进了一个远离喧嚣的世界，能感受到从未有过的美好与宁静。

建筑档案

建筑材料 竹子、茅草、瓦片等
建筑形式 干栏式建筑
所 在 地 中国云南一带

早期傣族竹楼的建筑材料主要是竹子和茅草，随着时间的推移，人们在屋顶铺上了防水、防火效果更好的瓦片。

竹楼屋顶通常斜度很大，这有利于迅速排水

竹楼既防潮、防水、防震，还冬暖夏凉。

供人上下的楼梯

傣族竹楼底层分布着20~24根支撑柱

45

皖南民居

　　青山为幔，溪流环绕，挂满斑驳线条的灰白墙壁，傲然耸立的牌坊、祠堂，美轮美奂的石雕……皖南民居的美和诗意，遍布每一处"针脚"。它们只需静静伫立，一种油然而生的故事感便会扑面而来。

位于安徽黟县黄山风景区的西递和宏村，是最具代表性的两个皖南民居村落。

徽派民居以黑白两色为主色调

高耸的马头墙是徽派建筑的重要标志，它独树一帜的造型设计带给人无限遐想

街巷一般用青石铺地，古朴典雅，建筑主体多是木结构，以砖土为墙

明清时代，通过经营木材、茶叶、盐业等变得殷实富足的徽商们，纷纷在家乡大兴土木，修建居所、祠堂，为我们留下了这些宝贵的文化遗产。

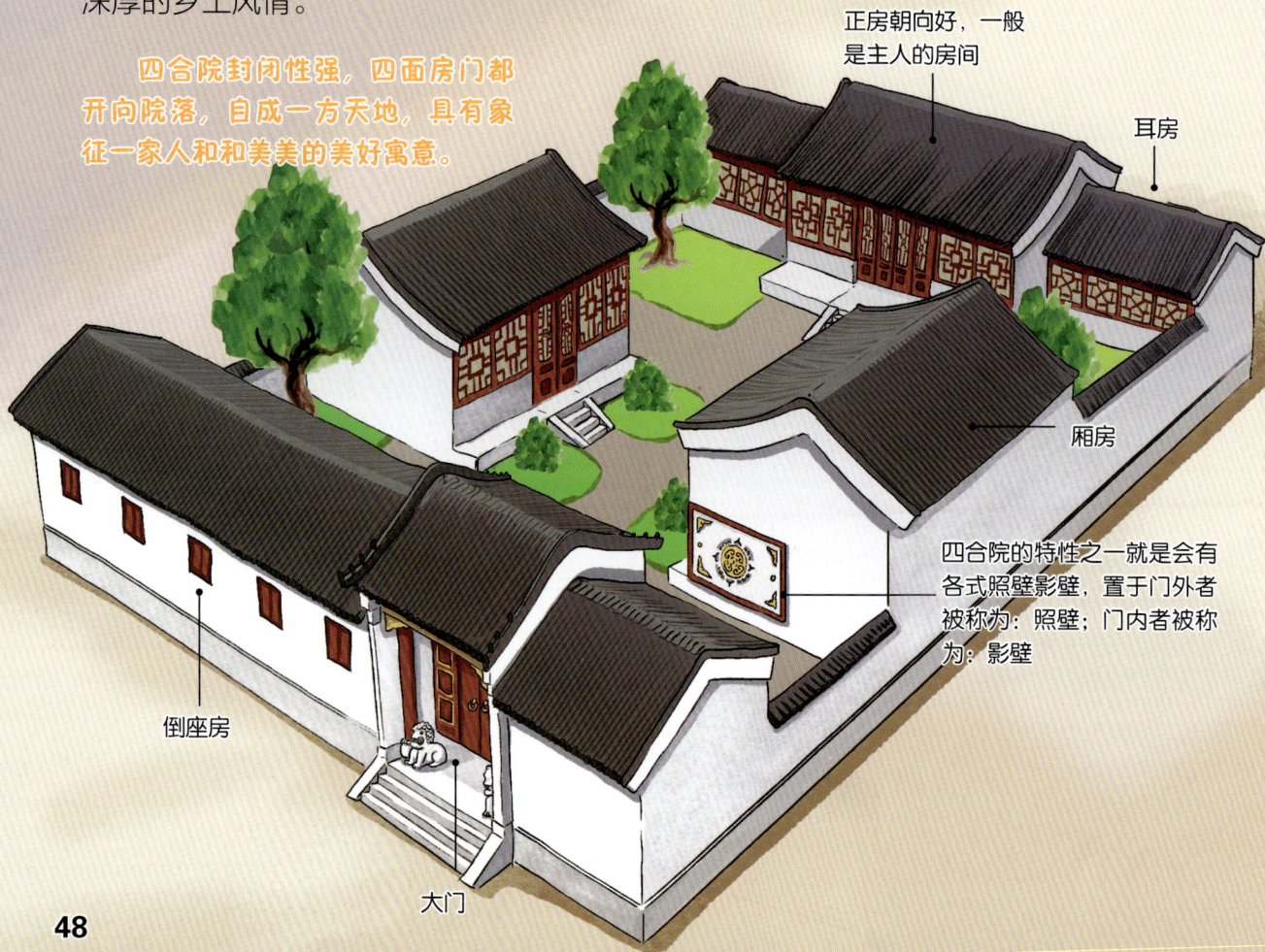

四合院

"清风杨柳苒，院庭四合间"，作为中国传统院落式建筑，四合院在漫长的历史进程中留下了自然与人文风貌的烙印。这些看似朴素实则内涵丰富的建筑，凝聚着东方美学的精髓，承载着中国人最深厚的乡土风情。

四合院封闭性强，四面房门都开向院落，自成一方天地，具有象征一家人和和美美的美好寓意。

正房朝向好，一般是主人的房间

耳房

厢房

四合院的特性之一就是会有各式照壁影壁，置于门外者被称为：照壁；门内者被称为：影壁

倒座房

大门

48

北京最早的四合院历史可以追溯到元代。从后英房住宅遗址中，我们可以一窥当时四合院的影子。根据院落的布局形式，四合院可以分为一进院落、二进院落、三进院落等。

四合院在中国南北方均有分布，其中尤以北京四合院最负盛名。

四合院之间的胡同

中国国家大剧院

2007 年，一座壮观的建筑拔地而起，出现在天安门广场西侧。巨型蛋壳式的半椭球形穹顶被一池澄澈的湖水环绕，周围簇拥着生机盎然的树木、绿地以及姹紫嫣红的花朵，宛若一颗明珠，这就是中国国家大剧院。

国家大剧院建筑面积达 16.9 万平方米，由法国著名建筑师保罗·安德鲁主持设计。

剧院内设有三座主剧场：音乐厅、歌剧院和戏剧厅。

钢结构壳体大气简约，共由
近 2 万块钛金属板和 1200 多
块超白透明玻璃组成

外观呈半椭球形

水中的倒影与建
筑上下交映

人工湖总面积共 3.55 万平方米，
剧院的通道和入口都藏在水下

中国国家图书馆

国家图书馆是国家的总书库。它集精撷萃，保存着许多古今中外珍贵的文献和书籍。在这座宝库里，我们能追溯中华民族的历史车辙，领略几千年的文化魅力，感受那些难以忘却的国家记忆，还能得到世界各地思想、文化的滋养和熏陶。

建筑档案

建筑材料	混凝土、钢材、玻璃等
建成年代	1987 年、2008 年
所 在 地	中国北京

中国国家图书馆的前身是于 1909 年成立的京师图书馆。

外观造型犹如一本巨大的书

书墙环绕

国家图书馆总馆北区内景

宽敞的阅览桌

图书馆内拥有中国最大的数字文献资源库和服务基地。

国家图书馆总馆北区在2008年建成并投入使用

鸟巢

　　北京有座造型别致的建筑，远远看去就像一个遗落在地面的巢穴！名如其形，它就是闻名中外的中国国家体育场"鸟巢"。2008 年，北京奥运会上的震撼亮相，让它在世界各国人民心中留下了惊鸿一笔……

最高处高度为 69 米

鸟巢主体建筑南北长 333 米，东西宽 296 米，建筑面积 25.8 万平方米，可容纳 9 万多人

建造鸟巢的过程中，设计师在通风、采光、雨水回收等方面融入了许多节能和环保设计。

建筑档案

建筑材料 混凝土、钢材等
建成年代 2008 年
所在地 中国北京

主体没有完全密封起来，有利于空气流通和自然光线的射入

不规则的钢结构构件纵横交错，组成了鸟巢的"钢筋铁骨"

水立方

水立方，即国家游泳中心，以其独特的肥皂泡结构设计闻名，静静矗立在鸟巢的西北方，共同构成北京奥林匹克公园的地标建筑群。水立方坚固、绿色环保、能自行调节温度，集各种先进科技于一身……是世界上规模最大、技术最复杂的膜结构工程！

水立方的框架共用了约 3 万根钢梁

覆盖在主体表面的是一种高科技膜材料

场馆外观如同一个冰晶状的立方体

外国建筑

胡夫金字塔

在古埃及，金字塔是法老的陵墓。人们在埃及发现了许多座金字塔，其中，尤以胡夫金字塔最为著名。胡夫金字塔曾是世界上最高的建筑，由巨石搭建而成。站在金字塔前，常常让人发出感叹：几千年前的人们竟能建造出如此宏伟的建筑！

建筑档案

建筑材料	巨型石块
建成年代	公元前 2560 年左右
所在地	埃及开罗

胡夫金字塔是已发现的金字塔中最大的。

金字塔由于外形看上去像汉字"金"字而得名

胡夫金字塔大约需要 600 万吨石块

有人怀疑金字塔是由外星人建造的。

胡夫金字塔被列为"世界古代七大奇迹"之一。

狮身人面像

狮身人面像与胡夫金字塔距离不远，它安静地卧在沙地之上，坐西朝东，守护着金字塔。狮身人面像有着人的头和狮子的身体，算上前爪有 70 多米长，它的身体曾经被黄沙掩埋，直至 20 世纪 30 年代才被完全清理。

建筑档案

建筑材料	巨型石块
建造年代	距今约 4500 年
所 在 地	埃及开罗

狮身人面像的面部原型是古埃及的法老

经历了几千年的时光，狮身人面像遭到了风化和破坏

狮身人面像的形象来自一个名叫斯芬克斯的怪兽

巨石阵

巨石阵是世界上最著名的史前遗迹之一，几个世纪以来，它身上一直萦绕着许多谜团，吸引大批考古学家、科学家积极展开研究。那么，在没有铁器的史前时期，人们为什么要劳心劳力建造这个伟大的工程呢？它到底蕴含着多少奥秘？相信在未来的某一天，答案终会揭晓。

这些岩石有的甚至重达 50 吨，上面有人类的打磨痕迹

石阵外围矗立着 30 根巨型石柱

时至今日，人们对古人建造巨石阵的目的仍旧众说纷纭。有人认为，巨石阵类似"天文观测站"，其主轴线与夏至日出、冬至日落方位精准对应；还有人认为，它可能是一个祭祀场所……

建筑档案

建筑材料	巨型石块
建造年代	约公元前 2000 年
所 在 地	英国伦敦西南部

石柱上横放着楣石，它们连成一个大圈

巨石阵所用的石块时间跨度很大，科学家们经研究推测，巨石阵的建筑工程持续了 1000 多年。

伊什塔尔城门

伊什塔尔门来自一个消失已久的王国——新巴比伦，它积淀着千年辉煌灿烂的文明。置身雄伟壮丽的门前，凝望那些精湛雕刻，这个神秘帝国的繁荣盛况仿佛跃然而出，向我们徐徐展开……

巴比伦城共设有八座城门，其中最著名的伊什塔尔门是它的北门。

狮子

伊什塔尔门的墙面上贴满了华丽的琉璃砖，琉璃砖间镶嵌着数百个浮雕，有威风凛凛的狮子，有神气十足的公牛，还有长相特别的龙，个个活灵活现。

公牛

龙

德国人在伊拉克
考古时发掘了城门的残
片，并运回德国进行了
复原重建。如今，伊什
塔尔门在德国柏林佩加
蒙博物馆展出。

伊什塔尔门其实是一
座高大的望楼，两边
有突出的塔楼，中间
是拱形过道

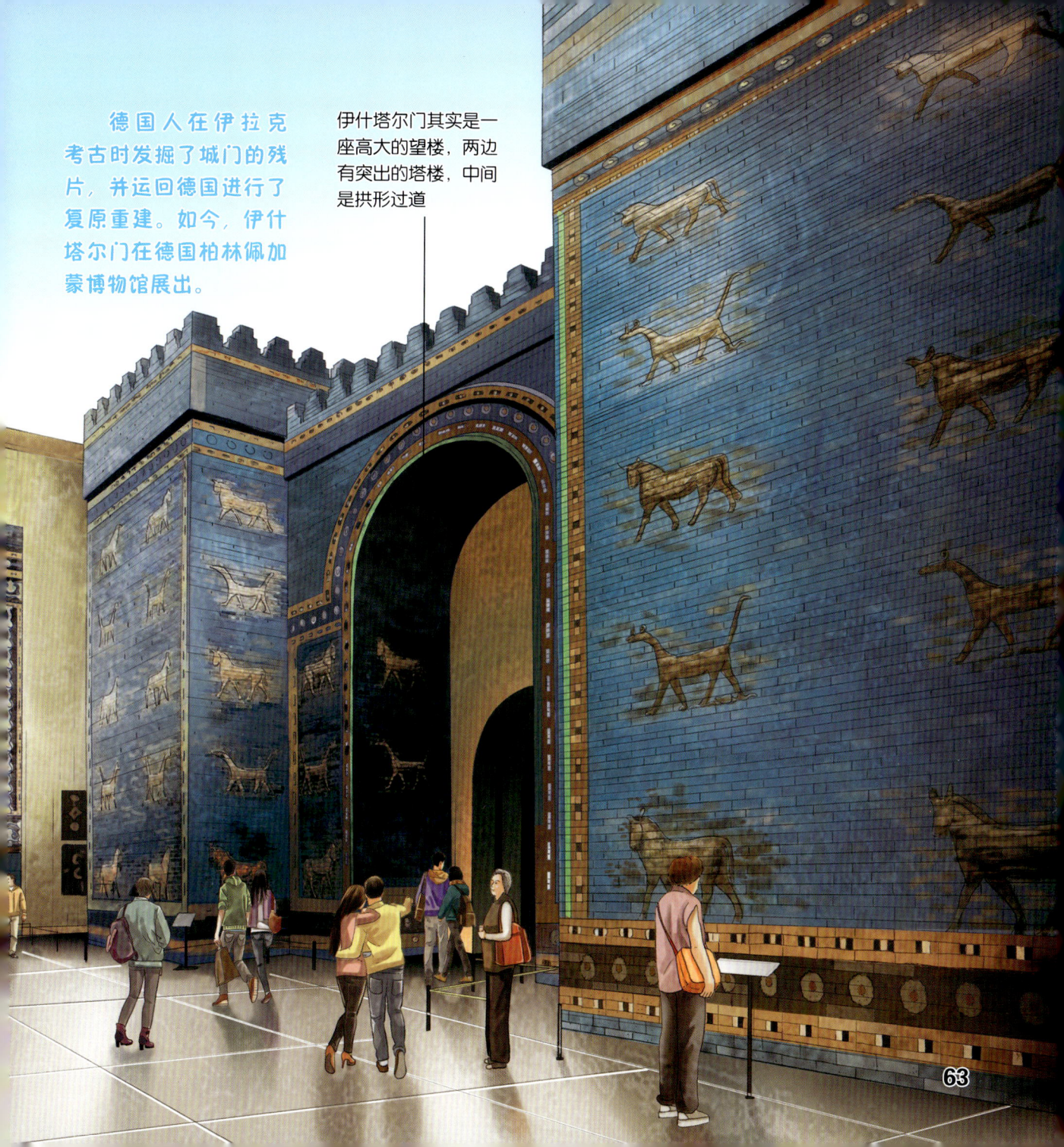

63

阿布辛贝神庙

距今 3300 多年前，古埃及第十九王朝的法老拉美西斯二世登上了历史舞台。为了彰显自己至高无上的权力和地位，拉美西斯二世大肆兴建宏伟的庙宇，如今闻名世界的阿布辛贝神庙就是他主持修筑的。

巨型雕像高约 20 米

神庙内有许多精美的壁画，壁画都以颂扬拉美西斯二世为主题。

神庙正面是 4 座拉美西斯二世不同时期的巨型雕像

纳塞尔湖

20 世纪 60 年代，埃及要修建水坝，这样一来，阿布辛贝神庙的处境变得十分危险。为了保住这处古迹，人们用"切割搬迁"的方法把它移到了现在这个位置。

建筑材料 山石

建造年代 公元前 1300—1233 年

所 在 地 埃及阿斯旺南部

庙高 30 米，纵深 60 米

拉美西斯二世在位 67 年，几乎把自己的名字和形象留在了埃及的每一个角落。

神庙是人们在砂岩崖壁上开凿而成

65

宙斯神庙

在古希腊神话中，宙斯为众神之神，统治世间万物。宙斯神庙就是为了纪念这位强大的神而特地修建的。只可惜，这座代表古希腊宗教和文化的建筑杰作有 100 多根科林斯式石柱，历经战乱、地震及人为破坏后，如今仅存十几根。

宙斯神庙是古希腊最大的一座神庙，也是当时的宗教中心。

建筑材料　大理石、石灰岩等
建造年代　公元前 470—460 年
所 在 地　希腊雅典

大理石殿顶

科林斯式石柱

66

摩索拉斯陵墓

摩索拉斯陵墓规模宏大，是统治小亚细亚夫利亚王国的国王摩索拉斯及其妻子的陵墓。陵墓装饰精美，运用了大量浮雕和圆雕，相当奢华，曾被誉为"古代世界七大奇迹之一"。

建筑档案

建筑材料	大理石等
建造年代	约公元前 4 世纪
所在地	土耳其

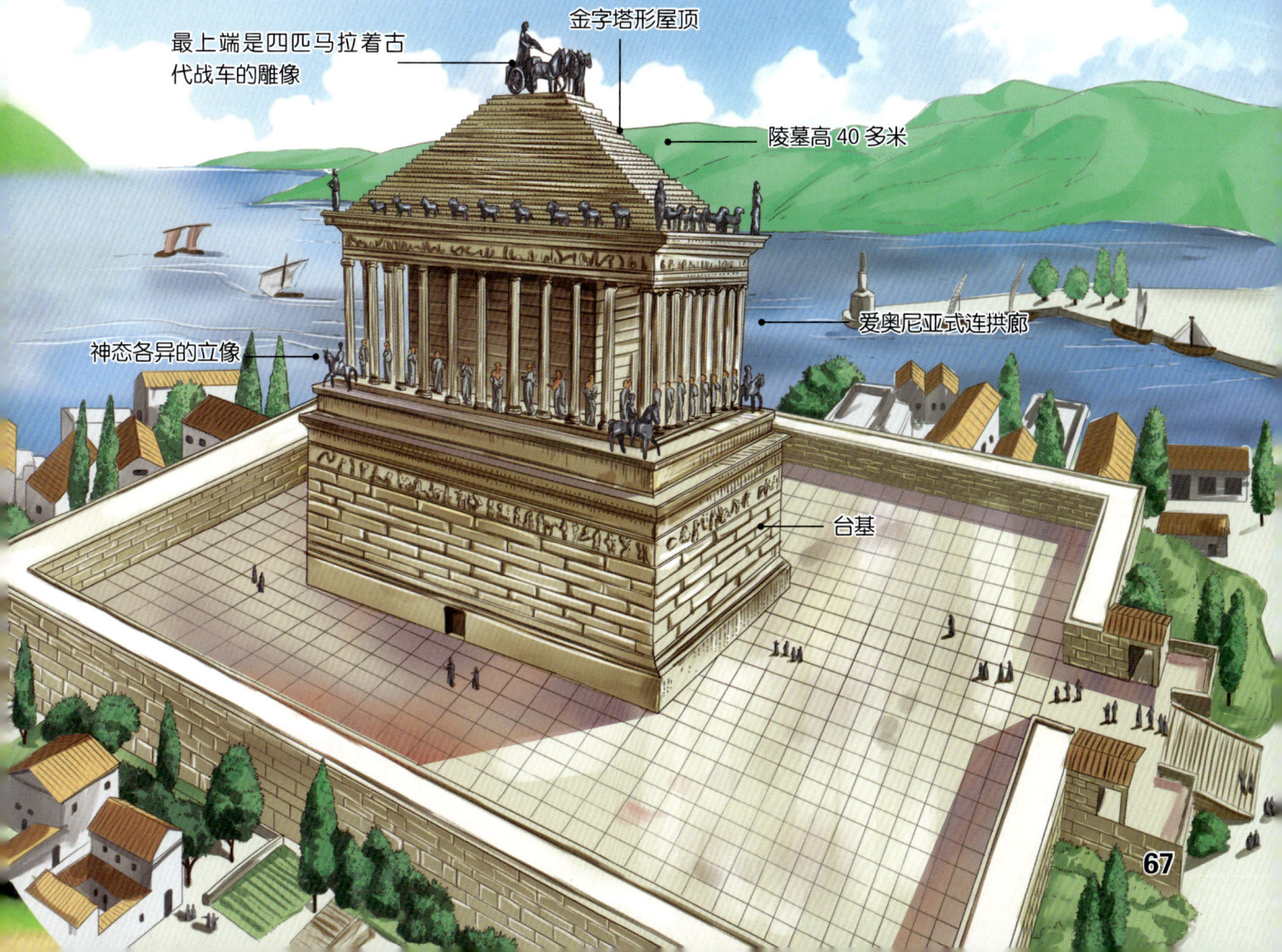

最上端是四匹马拉着古代战车的雕像

金字塔形屋顶

陵墓高 40 多米

爱奥尼亚式连拱廊

神态各异的立像

台基

67

万神庙

万神庙屹立在罗马市区中心，现代结构技术诞生以前，它曾是世界上室内空间跨度最大的建筑，堪称古罗马建筑艺术的巅峰之作。作为最具影响力的建筑之一，万神殿保存得近乎完美，对研究古罗马的历史和文化具有重要意义。

万神庙的墙、穹顶等是火山灰水泥制成的，用混凝土浇筑的

万神庙最早建于公元前 27 年左右，是由当时罗马帝国首位皇帝屋大维的女婿阿格里帕建造的，用来供奉诸神，只是后来毁于一场大火。我们现在看到的万神庙是罗马皇帝哈德良设计重建的。

门廊有三排花岗岩石柱

穿顶中央有一个直径约 8.9 米的圆洞，便于光线进入神庙内部

半球形穿隆顶，直径约 43 米，穿顶越往上越薄

万神殿内部的圆形厅十分宏伟壮观，大大的穿顶全靠四周石柱支撑，中间没有一根柱子，设计得相当巧妙

69

罗马斗兽场

中世纪历史学家比德曾说："只要斗兽场还耸立着，罗马就岿然不动。"可见，斗兽场在整个罗马历史中占有非常重要的地位。虽然昔日的看台已破败不堪，四周的拱廊也残缺不全，但斗兽场磅礴的气势却从未消失。

建筑档案

建筑材料	砖、石、火山灰等
别　　名	罗马大角斗场
所在地	意大利罗马

罗马斗兽场可以容纳约5万名观众。

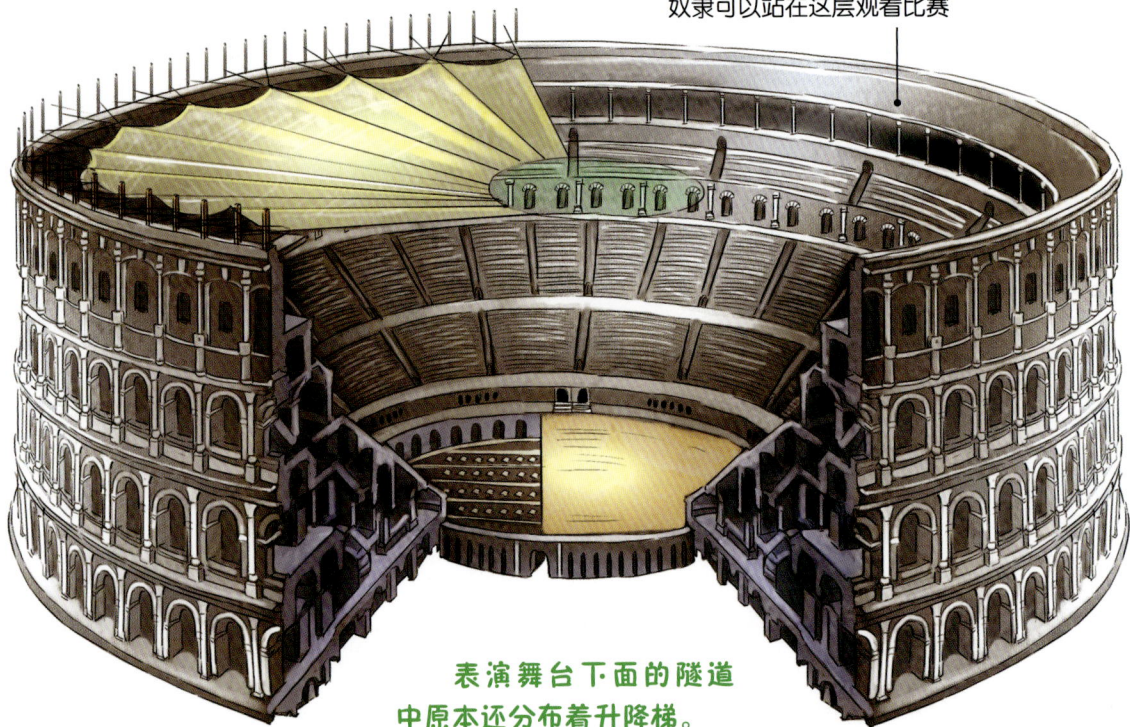

古罗马人对斗兽场的座位进行了详细的区域划分。皇帝和贵族通常坐在最下层；骑士和市民一般坐在中间二、三、四层；最顶层没有座位，奴隶可以站在这层观看比赛

表演舞台下面的隧道中原本还分布着升降梯。

有人说，斗兽场是古罗马皇帝韦斯帕芗（提图斯·弗拉维乌斯·韦斯帕西安努斯）为纪念罗马军队征服耶路撒冷建造的。但也有记载表明，当时这位皇帝是为了稳固政权、争取民心才下达了建造斗兽场的命令。只是，韦帕芗没有等到斗兽场建成就离开了人世。

斗兽场占地约 2 万平方米

斗兽场里的表演包括兽猎、人与兽斗以及最激烈的角斗士之间的较量。角斗士按装备和训练划分为不同等级。

拱洞

斗兽场俯瞰时是椭圆形的

71

圣索菲亚大教堂

　　顺着博斯普鲁斯海峡遥望欧洲大陆，伊斯坦布尔最耀眼的明珠——圣索菲亚大教堂便映入眼帘。这座"改变建筑史"的拜占庭式建筑，历经千年风雨洗礼，为辉煌一时的拜占庭帝国留下了最绚烂的印记。

　　圣索菲亚大教堂由东罗马帝国赫赫有名的查士丁尼一世下令建造，其规模曾在很长一段时间里位居世界教堂的榜首。

半圆形穹顶————

圣索菲亚大教堂拥有"多重身份"，起初是东罗马帝国的东正教教堂，之后变成了奥斯曼帝国的清真寺，如今又作为清真寺使用。

建筑材料 砖、石等

建造年代 公元 537 年建成

所 在 地 土耳其伊斯坦布尔

大穹顶高约 56 米，直径 30 多米

穹顶下分布着几十个圆拱形的窗户

四座伊斯兰宣礼塔是奥斯曼帝国时期补建的

73

圣母百花大教堂

漫步在佛罗伦萨的街头，不经意抬眸，很容易发现一个颜色鲜艳的大穹顶，它是圣母百花大教堂最显著的标志。当你慢慢走近，静静伫立，仰望它的时候，你就会明白，为什么连米开朗琪罗都会对它赞叹不已了。

圣母百花大教堂的建设工作曾一度因缺少好的穹顶设计方案停滞不前，好在一个叫布鲁内莱斯基的天才设计师打破常规，完成了这个光荣的任务。

圣母百花大教堂中收藏着许多世界名画，简直是一座艺术宝库！

橙红色的穹顶非常醒目

穹顶其实是双层的，更具稳定性，不易坍塌

圣母百花大教堂是世界五大教堂之一。

建筑档案

建筑材料　砖、石、灰泥等
建造年代　1296—1436年
所在地　意大利佛罗伦萨

钟楼共5层，高超过80米

使用白、红、绿三色大理石贴面，色彩丰富但不显杂乱

苏莱曼清真寺

高高耸立的宣礼塔

苏莱曼清真寺坐落在伊斯坦布尔的金角湾西岸，是世界游客游访伊斯坦布尔的必到之地，被称为"伊斯坦布尔最美的清真寺"。站在那里，不仅可以领略奥斯曼帝国巅峰时期的建筑艺术成就，还能俯瞰整个金角湾的风光，真是一种难得的享受！

苏莱曼清真寺的设计者是奥斯曼帝国著名的建筑师米马尔·希南。

小穹顶

寺前的庭院非常开阔，与雄伟的主体建筑相得益彰

中央穹顶

建筑材料 大理石、彩色玻璃等

建造年代 1550—1557 年

所在地 土耳其伊斯坦布尔

窗户由多种不同颜色的
玻璃拼成，散发着耀眼
夺目的色彩

77

阿尔罕布拉宫

历史悠久的阿尔罕布拉宫犹如镶嵌在大地上的一颗宝石，闪耀着艺术与智慧的光辉。庭院中姹紫嫣红的花朵，沿阶梯流淌的水渠，饱受风雨和岁月浸润的古墙，无一不透露着这座花园城堡宁谧典雅的气质。

建筑档案

建筑材料　砖、石等

建造年代　13 世纪

所 在 地　西班牙格拉纳达

因为周围环绕着红色的黏土墙，所以它常被叫作"红堡"。

阿尔罕布拉宫是摩尔人建造的集住宅、宫殿和庭院为一体的建筑综合体。

几何图案的装饰

阿尔罕布拉宫狮子庭院

大理石石柱

阿尔罕布拉宫里面分布着精致的池塘和喷泉，草木繁茂，看起来生机勃勃

庭院中央的狮子喷泉

皮蒂宫

　　谈起佛罗伦萨的恢宏建筑，有些人会想到阿尔诺河南岸的皮蒂宫。皮蒂宫最早是富有的银行家皮蒂的府邸，后来被财力雄厚的美第奇家族收入囊中，随着时代变迁和政权更迭，它几经转手，被多次扩建和翻新，才达到如今这个规模。

建筑档案

建筑材料	粗石块等
建造年代	15 世纪
所在地	意大利佛罗伦萨

现在，皮蒂宫已经变成了一座博物馆，珍藏着大量艺术珍品。

建筑底层窗户支架间装饰着狮头雕像

粗制石块

79

新圣母玛利亚教堂

　　走出人流熙攘的新圣母玛利亚火车站，在站前广场稍稍驻足，你会发现一座融合哥特式与文艺复兴风格的教堂。没错，它就是文艺复兴时期著名建筑师阿尔伯蒂参与设计新圣母玛利亚大教堂！

三角山墙

外观对称的立面

S 形花边

阿尔伯蒂设计的立面看起来就是一些长方形、三角形、圆形图案的组合，不过却非常和谐。

建筑档案

建筑材料	大理石等
建造年代	13 世纪
所 在 地	意大利佛罗伦萨

圆形窗

教堂外围墙装饰着斑马纹

81

卢浮宫

如果说建筑是凝固的音乐，那么巴黎卢浮宫就是建筑史上气势恢宏的交响乐！其独树一帜的风格，颇具匠心的设计，以及琳琅满目的稀世藏品，使它成了当今世界首屈一指的艺术宝库。

作为世界上最大的博物馆，卢浮宫的藏品有 40 多万件，包含油画、雕塑、美术工艺等多个类别。

卢浮宫原本是法国王室的王宫，曾先后居住过 50 位法国国王和王后。

玻璃金字塔是卢浮宫最重要的标志之一，也是卢浮宫的入口

玻璃金字塔是著名的"现代主义"建筑大师贝聿铭的作品

苏利馆 ——

建筑档案

建筑材料	砖、石等
建造年代	始建于 1204 年
所 在 地	法国巴黎

玻璃金字塔高约 21 米，由数百块菱形玻璃拼接组合而成

玻璃金字塔被喷泉水池簇拥

凡尔赛宫

    1624 年，当时的法国国王路易十三购买了数亩的森林和沼泽地，并在那里修建了一座狩猎宫殿，这座狩猎宫殿就是凡尔赛宫的前身。后来，路易十四继位，命人以狩猎宫殿为中心设计建造了凡尔赛宫。凡尔赛宫在漫长的时代洪流中，一直没有停止吸收新的营养。法国的文化、政治、艺术精髓，早已伴随历史的涟漪融进了它的骨血。

凡尔赛宫为典型的古典主义风格，建筑严谨对称，造型轮廓整齐，气势逼人。

法国凡尔赛宫与北京故宫、英国白金汉宫、美国白宫、俄罗斯克里姆林宫并称为"世界五大宫殿"。

凡尔赛宫的园林设计者是路易十四的首席园林设计师安德烈·勒诺特尔，这项杰作让他名声大噪。而宫殿则是由路易·勒沃和朱尔斯·阿杜安·芒萨尔共同设计完成的。

建筑材料	大理石等
建造年代	17−18 世纪
所 在 地	法国凡尔赛

装饰雕塑

宫内不但有许许多多的殿厅和卧室，还分布着大大小小的花园和喷泉

85

威斯敏斯特宫

威斯敏斯特宫，即英国的议会大厦，是全球最具代表性的建筑之一。每当夜幕降临，伦敦亮起万家灯火，议会大厦就会被探照灯镀上一层金光，尤其是头顶的塔楼熠熠生辉，比王冠还要耀眼。

建筑档案

建筑材料　**砖、石等**
建造年代　**1868 年建成**
所 在 地　**英国伦敦**

维多利亚塔高 102 米

中间的尖塔

威斯敏斯特宫过去几百年来一直是英国政府的所在地。

钟楼高 96 米

塔顶的大钟即为大本钟，为世界最大的时钟之一

错综复杂的走廊，连接着会议厅、拱顶和1000 多个房间

威斯敏斯特宫位于伦敦市中心地段，旁边有泰晤士河流过

四十柱宫

四十柱宫代表着伊斯兰园林建筑艺术的巅峰水准，是伊朗名城伊斯法罕最重要的一张"名片"。高低起伏、错落有致的花草树木，斑驳却不失华丽的宫殿，以及倒映在碧池里的那一抹倩影，都散发着难以名状的魅力。

建筑档案

建筑材料 **木材、石材等**

建造年代 **1647 年**

所在地 **伊朗伊斯法罕城**

繁复美丽的装饰

宫殿虽然名叫"四十柱宫"，但实际上只有二十根柱子

四十柱宫建于萨非王朝强盛时期，最初是接见他国使臣、举行各种节日庆典和娱乐活动的场所。

曼彻斯特市政厅

维多利亚时期，英国修建了许多世界闻名的建筑，其中就包括典型的新哥特式建筑——曼彻斯特市政厅。或许它并不能代表曼彻斯特的全部，但这座城市的历史脉络和成长轨迹，都与它密不可分。

负责设计建造曼彻斯特市政厅的是建筑师阿尔弗雷德·沃特豪斯。

曼彻斯特市政厅是英国的一级保护建筑。

窗户多使用铁质框架

钟楼高约 85 米

建筑档案

建筑材料	砖、石等
建造年代	1877 年建成
所 在 地	英国曼彻斯特

曼彻斯特市政厅北有著名的阿尔伯特广场，南接圣彼得广场。

阿尔伯特广场

89

泰姬陵

　　古老的泰姬陵屹立在印度波光闪烁的亚穆纳河畔，宛若一位言笑晏晏的女子。它秀美而巍峨，妩媚而庄重，一石一木都透露着别样风情。若不是置身其中，人们往往会忘记它是一座悼念亡者的陵墓。

泰姬陵是印度莫卧儿王朝时期，第五代皇帝沙·贾汗为纪念死去的爱妻穆塔兹·玛哈尔修建的陵墓。

圆顶四周分布着小凉亭

陵墓建在一座四方形的平台上

最顶端是座
小尖塔

穹形圆顶直径
约18米

建筑档案

建筑材料	大理石等
建造年代	1632—1654 年
所 在 地	印度阿格拉

墙壁、门窗上镶
嵌着许多宝石

四角各有
一座尖塔

主体分两层，
主要用白色
大理石建成

泰姬陵周围的环境十分优美，不仅有
清澈的水池，四面还有清真寺、钟楼
等建筑相衬托

吴哥窟

1000多年前，柬埔寨的大地上有一个强盛的吴哥王朝，当时东到越南西至孟加拉湾的大部分地区都在它的统治之下。吴哥窟是吴哥古迹中的精华，在结构、比例、雕塑等方面都趋于完美，是古代石构建筑和石刻浮雕的杰出代表。

考古学家把柬埔寨吴哥窟、中国长城、埃及金字塔、印尼婆罗浮屠称为"东方四大奇迹"。

寺庙的最高层可见五座宝塔，其中中间的宝塔最大，也最雄伟

五座宝塔之间由游廊连接

高棉人建立的吴哥王国在公元 12~13 世纪时非常强盛，曾一度称霸东南亚。

荷花池

建筑没有用到木头、铁钉等材料，完全靠石头堆砌而成，石块之间也没有灰浆等黏合剂

吴哥窟建筑群错综复杂，台基、回廊、蹬道、宝塔等构造样样俱全。

表面装饰着精美的浮雕

建筑档案

建筑材料	砂岩
建造年代	12世纪上半叶
所在地	柬埔寨暹粒

13世纪30年代，吴哥王国遭到暹罗的大举进攻，许多民众被杀，掌权者出逃，吴哥从此没落。直到1861年，法国博物学家亨利·穆奥发现了它，吴哥窟才重新走进人们的视野。

冬宫

　　冬宫不仅是一座壮观的宫殿，更是俄罗斯独一无二的艺术瑰宝，见证了俄罗斯的历史变迁。它的每一块石头，每一幅壁画，每一个长廊，都散发着恒久的魅力，让人过目难忘。

　　冬宫墙体上排列着整齐的白色双石柱，屋顶矗立着造型各异的雕塑，窗户装饰着精美的浮雕。

建筑材料	大理石等
建造年代	1754—1762 年
所在地	俄罗斯圣彼得堡

瓦西里升天教堂

在莫斯科红场之中，最引人注目的建筑当属瓦西里升天教堂。造型别致、颜色艳丽的塔楼仿佛存在于童话世界，是很多人对俄罗斯的初印象。

建筑档案

建筑材料 石材等

建造年代 1555—1560 年

所 在 地 俄罗斯莫斯科

中心塔高 47.5 米

洋葱头状的教堂顶

8 座色彩艳丽的塔楼簇拥着中心塔

瓦西里升天教堂是为了纪念伊凡四世征服喀山汗国而建。

95

比萨斜塔

比萨斜塔是比萨大教堂的钟楼，属于这个建筑群的重要组成部分。作为建筑界的一大奇观，比萨斜塔如今已经有数百岁"高龄"了，可它仍旧以独特的姿态屹立于世，吸引着人们一睹它的容颜，探索它的奥秘。

比萨斜塔为什么会倾斜呢？这是因为它塔基浅，下面的土层软，而且还有地下水，久而久之就发生了倾斜。另外，随着时间的推移，填充塔身的泥土和碎石也发生了偏移，偏向一侧，所以塔体会越来越倾斜。

建筑档案

建筑材料	大理石等
建造年代	1173—1372 年
所 在 地	意大利比萨

塔高约 55 米

主体呈圆柱形，共 8 层

中间每层都分布着螺旋状回廊。

埃菲尔铁塔

　　埃菲尔铁塔耸立在巴黎的战神广场，犹如一位高贵、坚韧的女神，俯瞰着这座充满浪漫气息的城市。登塔远眺，周围 70 公里的风光都能尽收眼底。

塔身（不含天线）高约 300 米

埃菲尔铁塔是以工程师居斯塔夫·埃菲尔的名字命名的。

塔体有三层平台，分别在约 57 米，115 米和 276 米的位置。其中一、二层平台有餐厅，三层设有观景台

埃菲尔铁塔是为了庆祝法国大革命 100 周年和巴黎举办世界博览会而修建的。

97

巴黎凯旋门

世界各地有许多凯旋门，巴黎凯旋门无疑是其中最著名的一座。它与埃菲尔铁塔、卢浮宫、巴黎圣母院并称为"巴黎四大代表建筑"。

建筑档案

建筑材料	大理石
建造年代	1806—1836 年
所在地	法国巴黎

凯旋门是拿破仑为纪念奥斯特利茨战役中大败反法联军而下令建造的。

外墙上有巨型浮雕，包括浪漫主义雕刻大师弗朗索瓦·吕德的作品《马赛曲》

凯旋门高约 50 米，宽约 45 米，厚约 22 米

拱门

昂古莱姆主教座堂

法国昂古莱姆市中心，有座模样非常有个性的教堂——昂古莱姆主教座堂。教堂正面两侧增设钟塔，是罗马式教堂建筑的另一伟大创新。这项特别的设计让它名声大噪，一跃成为法国教堂的创新代表。

建筑档案

建筑材料	砖、石等
建造年代	1110—1128 年
所 在 地	法国昂古莱姆

昂古莱姆大教堂是法国罗马式建筑和雕刻艺术的代表作。

醒目的钟塔

外立面分布着很多精美的雕塑

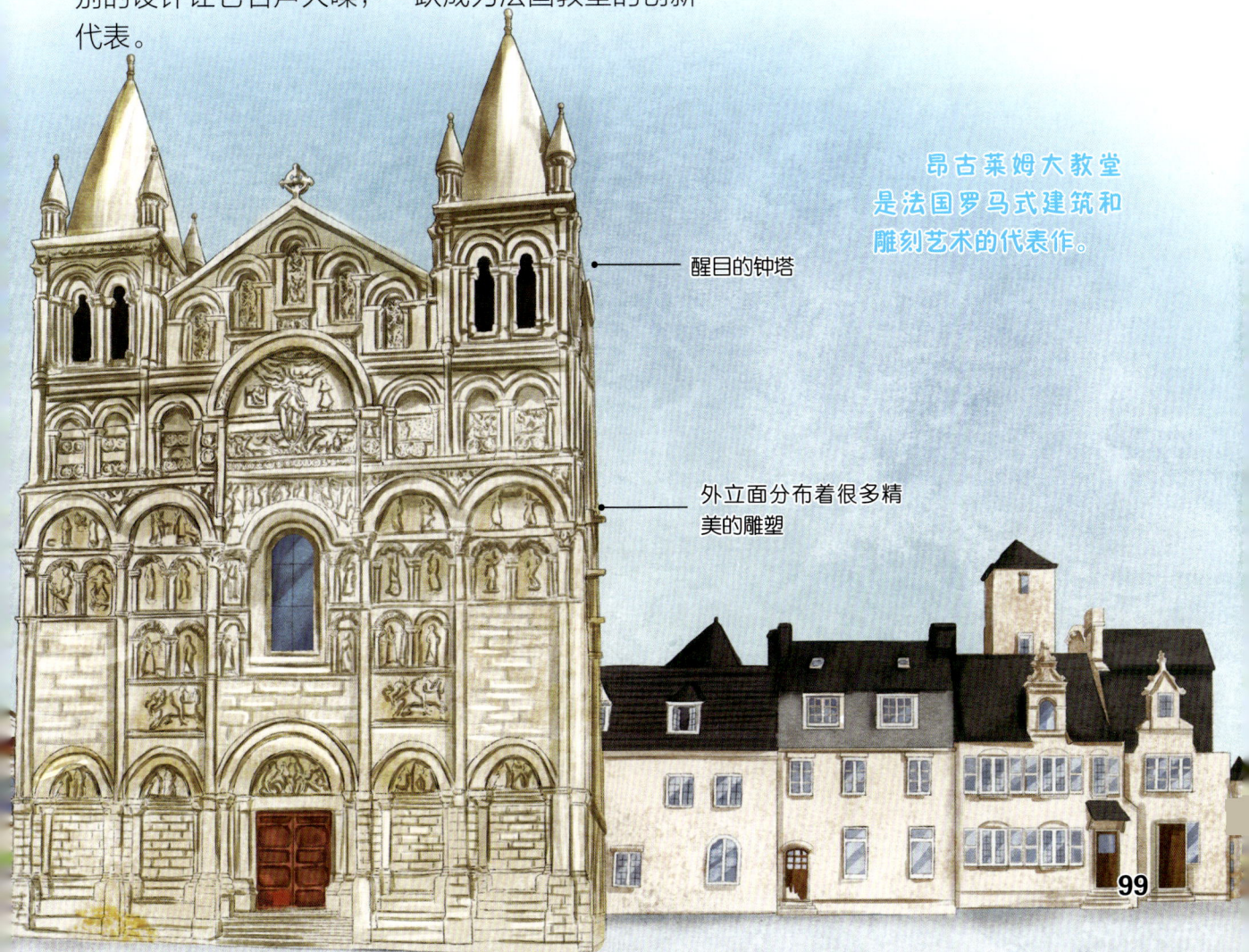

比萨大教堂

相较于比萨斜塔，比萨大教堂的光环似乎没那么闪耀，可事实上，比萨大教堂才是这个雄伟建筑群里的"主角"。作为中世纪建筑艺术的杰作，它对意大利乃至世界建筑史都产生了十分深远的影响。

建筑档案

建筑材料	大理石等
建造年代	1063—1350 年
所 在 地	意大利比萨

比萨大教堂是由雕塑家布斯凯托·皮萨诺主持设计。

教堂从上到下共有 4 排 68 根科林斯式圆柱

纵深的中堂与宽阔的耳堂相交，使建筑主体呈十字形

椭圆形穹顶

圣乔万尼洗礼堂

　　圣乔万尼洗礼堂，别名"圣约翰洗礼堂"，与闻名世界的圣母百花教堂仅隔着一座广场。很长一段时间里，佛罗伦萨的孩童都在这里受洗，其中就包括文艺复兴时期的名人但丁和马基雅维利。

建筑档案

建筑材料　**大理石等**

建筑风格　**罗曼式建筑**

所在地　　**意大利佛罗伦萨**

整体呈八边形

外墙装饰采用白色、绿色大理石交错镶嵌而成

洗礼堂有正东、正南、正北三个出入口

青铜大门上有精美的浮雕

101

科隆大教堂

科隆大教堂是德国最宏伟的文化遗产，是哥特式建筑的典范。这座教堂从打地基到最后完工足足耗时 600 多年。时至今日，有关它的修缮工作依然没有结束……

巨大的双塔结构

西立面塔楼高约 157 米

密密麻麻的小尖塔

教堂四壁窗户的面积达 1 万平方米，几乎每块玻璃上面都有五颜六色的图案。

大圣马丁教堂与科隆大教堂比肩而立

悉尼歌剧院

提起悉尼，人们的脑海自然而然会浮现出一座白色帆船样式的建筑。它伫立在港边，静静地接受着海风的吹拂和海浪的洗礼。当美妙的音乐缓缓响起，它仿佛也会跟着节拍翩跹而舞，轻轻律动。

建筑档案

建筑材料	钢筋混凝土等
建造年代	1959—1973 年
所在地	澳大利亚悉尼

据说，悉尼歌剧院的创意灵感来自剥开的橙子。

悉尼歌剧院主要分为歌剧厅、音乐厅和贝尼朗餐厅三部分。

悉尼歌剧院长约 183 米，高约 67 米，占地面积约 1.8 公顷

壳体结构形似风帆

歌剧院建在伸出河岸线的一个大平台上

伦敦塔桥

漫步在泰晤士河沿岸，或许你会不自觉地被伦敦塔桥那伟岸的身影所吸引。它高耸的塔楼，可以悬挂、拆解成两截的桥面，绚丽的灯光，无不彰显着英伦风情与魅力。事实上，这座塔桥早已经成了伦敦不可或缺的一部分，是面向世界的一张名片。

建筑档案

建筑材料	花岗岩、钢材等
建造年代	1886—1894 年
所 在 地	英国伦敦

泰晤士河上横卧着许多桥，而伦敦塔桥是从入海口算起的第一座桥，所以常常被称为"伦敦之门"。

钢缆

桥塔分五层，顶层是
五座哥特式的尖塔，
极具艺术特色。

两座桥塔均安装
着控制吊桥起落的机
械系统，而且有去往
上层人行道的电梯。

中间段长 76 米，
分上下两层

桥塔里还有展厅、商店和酒
吧，供往来行人参观、娱乐

若有大船经过，下层的两个
桥段便可以向两边竖起

105

纽约古根海姆博物馆

　　纽约古根海姆博物馆是美国建筑设计大师弗兰克·劳埃德·赖特晚年的代表作。这座充满创意和前瞻性的建筑，一经面世就引起了建筑界极大震动，时至今日，它仍被许多人视为现代建筑的永恒经典！

　　"古根博物馆"为索罗门·R·古根海姆基会旗下的所有博物馆的总称，是世界上唯一以连锁方式经营的艺术场馆，在世界各地均设有分馆。

博物馆主体外轮廓形似一个大弹簧，线条流畅且充满动感

白色螺旋形混凝土结构，颇具艺术感

路易威登基金会艺术中心

在巴黎城西的布洛涅森林中有一座奇妙的建筑，它如同一朵半透明的云悬浮于林间，轻盈通透；又像一艘外星飞船，充满未来科技感。这就是路易威登基金会艺术中心。

建筑档案

建筑材料	玻璃、金属等
建造年代	2008—2014 年
所 在 地	法国巴黎

这座建筑由解构主义大师弗兰克·盖里设计。

精确至毫米的弧形玻璃

由木框架和钢结构组成的骨架支撑

亚历山大图书馆

　　亚历山大图书馆是埃及思想、文化和科学的收藏室，也是人类知识、文明的交汇中心。亚历山大图书馆的历史最早可以追溯到公元前3世纪，它曾是世界上最有影响力的图书馆之一，只可惜后来毁于战火，如今的亚历山大图书馆是在旧址上重新修建的。无论过去还是现在，图书馆始终像灯塔一样屹立在那里，为人类文明照亮前路。

主体是圆柱体，顶端为别致的圆柱体斜切面

建筑跨度直径约 160 米，最高高度约 32 米，嵌入地面约 12 米

建筑档案

建筑材料	花岗岩、玻璃等
建造年代	1995—2002 年
所 在 地	埃及亚历山大

亚历山大图书馆不仅是一座图书馆，更是博物馆、艺术馆和综合科研机构的集合体。

外墙上刻着不同的语言、文字和符号

109

流水别墅

美国宾夕法尼亚州的一个森林里，流淌着一条清澈见底的溪流。溪流随山势跌宕蜿蜒，形成了雅致的小瀑布。闻名遐迩的流水别墅就坐落在小瀑布之上。

流水别墅是建筑大师弗兰克·劳埃德·赖特的代表作。

建筑档案

建筑材料	钢筋混凝土等
建造年代	建成于 1936 年
所 在 地	美国宾夕法尼亚州

流水别墅共三层，面积约 380 平方米。两层平台高低错落，与景色相融合，美感十足

溪水从平台下流出

朗香教堂

　　朗香教堂是现代主义建筑大师勒·柯布西耶的代表作品！它扭曲浮夸的造型设计，美轮美奂的光影效果，让人仿佛置身于一个奇幻空间，引人入胜。

朗香教堂被誉为 20 世纪最为震撼、最具有表现力的建筑。

屋顶向上卷曲

墙面弯曲倾斜

朗香教堂建在山顶的一处空地上

墙上分布着大小不一的方形窗户洞

海上波浪

　　"大波浪"公寓是丹麦瓦埃勒峡湾一道独特的风景线。远远看去，它就像一股被定格的波浪静卧在天水之间，那顺畅自然的姿态，优雅灵动的身形，任谁见了都忍不住要驻足欣赏一番！

建筑档案

建筑材料	钢筋混凝土、玻璃等
建造年代	2006—2018 年
所在地	丹麦瓦埃勒

楼高 9 层，阳台面向水景，而且均为落地窗

建筑倒映在水面上，随水流波动

屋顶留有天窗，增强室内采光

公共区域十分开阔，可以举办各种有趣的水上活动

古埃尔公园

如果说现实世界存在建筑乌托邦，那么古埃尔公园一定是首选。艳丽斑斓的色彩，夸张大胆的怪异造型，独树一帜的布局和构思……或许，梦中的童话王国就本该是这个样子！

建筑档案

建筑材料 石头、碎瓷片等
建造年代 1900—1914 年
所 在 地 西班牙巴塞罗那

充满童话色彩的房子

公园依照山势和地形规划和布局。

古埃尔公园也被称为奎尔公园。

弯曲的石椅上充满了漂亮的马赛克装饰

拉斯维加斯脑健康中心

拉斯维加斯脑健康中心独一无二的"旋涡状"设计，让它一经面世，就成了建筑界的焦点，吸引了人们的目光。事实上，这座"头脑风暴"似的奇特建筑，是一座治疗脑部疾病的顶尖研究中心。

拉斯维加斯脑健康中心是解构主义大师弗兰克·盖里设计建造的。

建筑档案

建筑材料	钢材、玻璃等
建造年代	建成于 2010 年
所 在 地	美国拉斯维加斯

表面覆盖和包裹着一层不锈钢表皮

扭曲的弧面

主体由两个独立的建筑组成，中间通过庭院相连接